THE INVENTA BOOK OF MECHANISMS
儿童机械大师

〔英〕戴夫·卡特林◎著

〔英〕马尔科姆·利文斯通◎绘

李 亮　郭珮涵◎译

北京科学技术出版社
100层童书馆

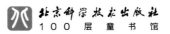

The Inventa Book of Mechanisms

First published in the UK English edition by

© 2021 Dave Catlin. All rights reserved.

Published 1994 by Valiant Technology Ltd.

ISBN-13: 978-0-9523651-0-5, ISBN: 0-9523651-0-3

Simplified Chinese translation copyright © 2024 by Beijing Science and Technology Publishing Co., Ltd.

Simplified Chinese translation rights arranged through Inbooker Cultural Development (Beijing) Co., Ltd.

著作权合同登记号　图字：01-2024-2810

图书在版编目（CIP）数据

儿童机械大师 /（英）戴夫·卡特林著；（英）马尔科姆·利文斯通绘；李亮，郭珮涵译. -- 北京：北京科学技术出版社，2024. -- ISBN 978-7-5714-4109-8

Ⅰ. TH-49

中国国家版本馆 CIP 数据核字第 202457SZ33 号

策划编辑：何新月		**电　话**：0086-10-66135495（总编室）
责任编辑：张　芳		0086-10-66113227（发行部）
封面设计：王思毅		**网　址**：www.bkydw.cn
图文制作：沈学成		**印　刷**：北京顶佳世纪印刷有限公司
责任印制：李　茗		**开　本**：889 mm×1194 mm　1/20
出 版 人：曾庆宇		**字　数**：68 千字
出版发行：北京科学技术出版社		**印　张**：5.4
社　　址：北京西直门南大街 16 号		**版　次**：2024 年 12 月第 1 版
邮政编码：100035		**印　次**：2024 年 12 月第 1 次印刷
ISBN 978-7-5714-4109-8		

定　价：78.00 元

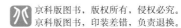

目 录

说 明

输入和输出

书中的红、蓝箭头分别表示机械的输入和输出情况。

这里的"输入"指为了使机械工作而施加的各种力，"输出"指机械运转所产生的效果，而不是它受到的阻力。例如，一台机械向上提升一个袋子时，机械的输出是向上的力，袋子的重量则是机械受到的阻力，它是向下作用的。

在这种情况下，如果没有表示阻力的符号不符合实际情况，于是我们就用一个箭头来表示了。

单位

书中大多使用公制单位。其实，选用哪种单位是一个难题。从学术的角度来说，重力的单位应为牛顿，简称牛，符号为 N。

摩擦和效率

大摩擦力、小摩擦力和效率分别用下面的形象来表示，以体现它们对机械产生的影响。

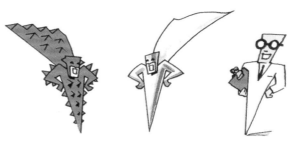

阻力：大摩擦力　　打滑：小摩擦力　　效率

机械

本书的读者对象是孩子，因此我们有意将机械原理讲解得较为简单。在大多数情况下，这意味着忽视了机械的效率。这是合理的，因为许多简单机械具有很高的效率。而对于一些明显的例外，如蜗轮和蜗杆等，书中的讲解已经考虑了效率这一因素。

什么是**齿轮**?

齿轮是边缘有齿的圆盘。

齿轮可以**啮合**在一起。
当**主动齿轮**转动时,**从动齿轮**被迫向相反的方向转动。

公元前 3 世纪,古希腊哲学家费隆描述了一种叫作巴鲁科斯的机器。
这是历史上关于齿轮最早的记载。罗马人将这种装置用于起吊重物。

齿轮的作用

从动齿轮比主动齿轮转得慢，就是**减速齿轮副**。

从动齿轮比主动齿轮转得快，就是**增速齿轮副**。

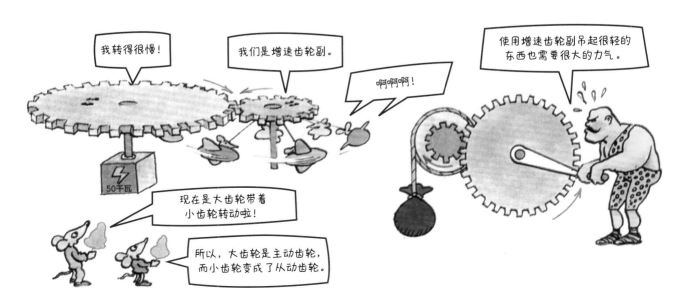

齿轮的大小

齿的结构相同，齿轮的齿数越多，
它就越大。

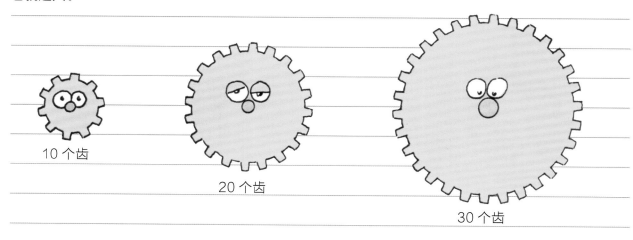

10 个齿

20 个齿

30 个齿

我们和你的齿数相同。

我们也是！

齿轮副中齿数较少的齿轮
被称为小齿轮。

齿轮副中齿数较
多的齿轮被称为
大齿轮。

4

40 个齿

50 个齿

我一个相当
于你们两个。

轮齿是齿轮上
凸起的齿。

从动齿轮和主动齿轮的
齿数之比被称为齿数比。

齿数比很重要，
请往下看。

齿轮的 **齿数比**

减速齿轮副中齿数比为 2:1。

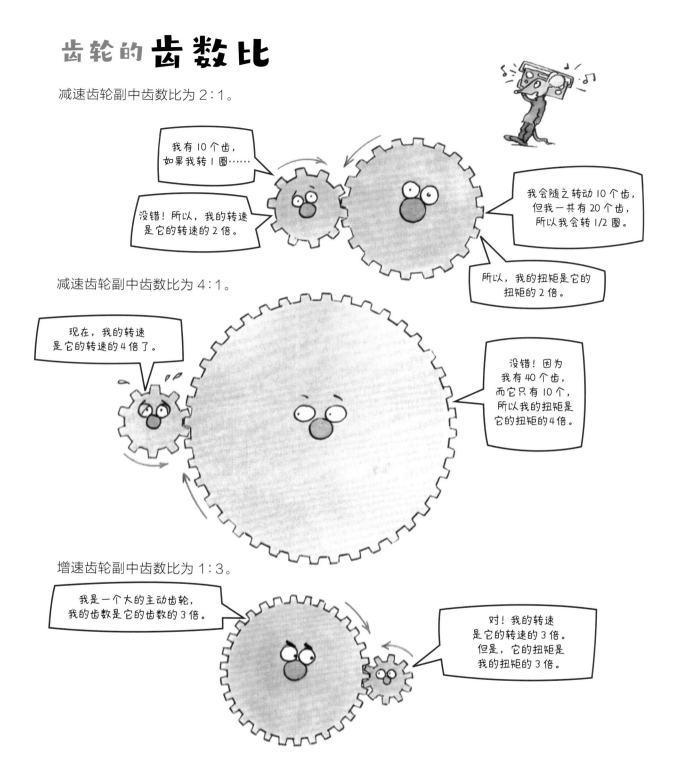

我有 10 个齿，如果我转 1 圈……

没错！所以，我的转速是它的转速的 2 倍。

我会随之转动 10 个齿，但我一共有 20 个齿，所以我会转 1/2 圈。

所以，我的扭矩是它的扭矩的 2 倍。

减速齿轮副中齿数比为 4:1。

现在，我的转速是它的转速的 4 倍了。

没错！因为我有 40 个齿，而它只有 10 个，所以我的扭矩是它的扭矩的 4 倍。

增速齿轮副中齿数比为 1:3。

我是一个大的主动齿轮，我的齿数是它的齿数的 3 倍。

对！我的转速是它的转速的 3 倍。但是，它的扭矩是我的扭矩的 3 倍。

齿轮的 **机械原理**

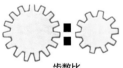 :  $=$ **50 : 10 = 5 : 1**

齿数比　　　　从动齿轮的齿数　主动齿轮的齿数　　从动齿轮的齿数　主动齿轮的齿数

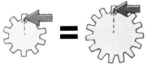 $=$  $=$ **5 ÷ (5 : 1) = 1**

输入扭矩　　　输出扭矩　　　　齿数比　　　　　输出扭矩　　　齿数比　　　牛·厘米

 $=$ 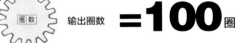 $=$ **100 × (5 : 1) = 500**

输入圈数　　　输出圈数　　　　齿数比　　　　　输出圈数　　　齿数比　　　圈

示例中的图示仅为说明，其齿数并不完全一一对应，下同。扭矩的国际单位是牛·米（N·m）。——编者注

7

齿轮系

齿轮副

齿轮副由两个啮合在一起、可以同时转动的齿轮组成。

我们能提起 1 千克的重物。

齿轮系是由几个齿轮副组合而成的。

但增加了几个伙伴之后，我们能提起 4 千克的重物了。

是的！扭矩被放大了。

我只用了相同的力。

这两个齿轮副被组合到一起，以相同的转速同时转动。

惰轮又叫中间轮，它不会影响齿数比。不过，它能让两个齿轮朝相同的方向转动。

我们怎样才能朝相同的方向转动呢？

嘿！我们正朝相同的方向转动呢。

是呢！多亏了惰轮。

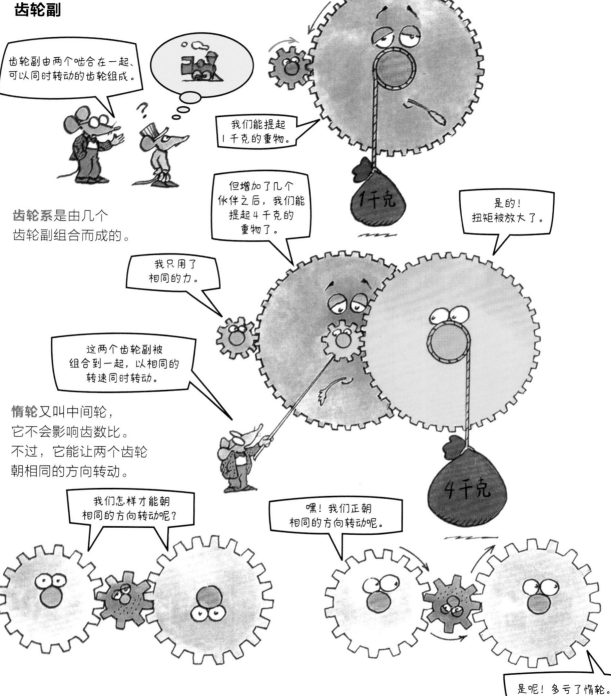

装有许多齿轮的箱子
被称为**变速箱**。
有的变速箱内部结构特别复杂。

变速箱大概长这样！

单级减速箱包含一个齿轮副。

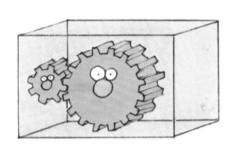

双级减速箱包含一个齿轮系。

我们转得很慢，但是与单级减速箱相比，我们有更大的扭矩。

有些变速箱包含更多齿轮系。
下面的这个变速箱就是一个三级减速箱。

我们转得也很慢，但是我们的扭矩比双级减速箱还要大。

关于**齿轮**的那些事儿

齿轮可以提升重物。

它们可以很安静地工作。

它们很高效，啮合得很严密。

齿轮的转速可以很快，

也可以很慢。

这组齿轮转起来快得令人眩晕！

呼呼！呼呼！

齿轮必须精确组装，
否则难以顺畅转动。

为什么不转了呀？

因为我们没有啮合好！

不同齿轮副的齿数比也不同。

我比你大！

好吧，但你比我长得难看！

我没看到其他齿轮。

胖子！我在下面呢。

什么是**锥齿轮**？

可以用于相交轴间传动的齿轮称为**锥齿轮**。

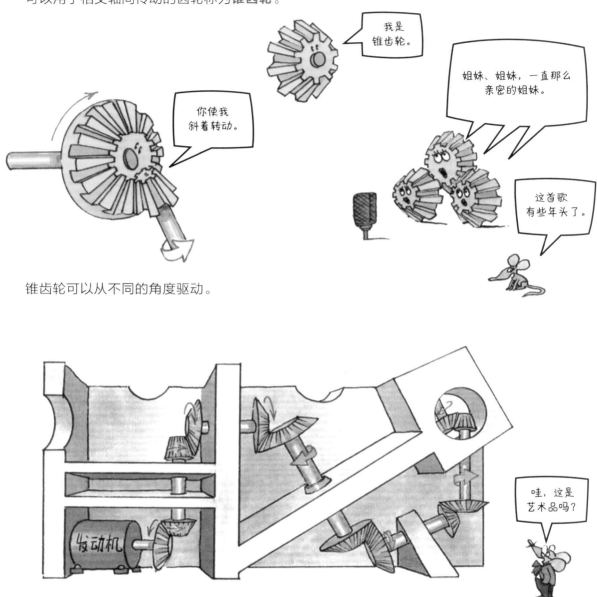

锥齿轮可以从不同的角度驱动。

锥齿轮的齿数比也是按照齿数计算，
与普通齿轮的是一样的。

什么是**齿条**和**小齿轮**？

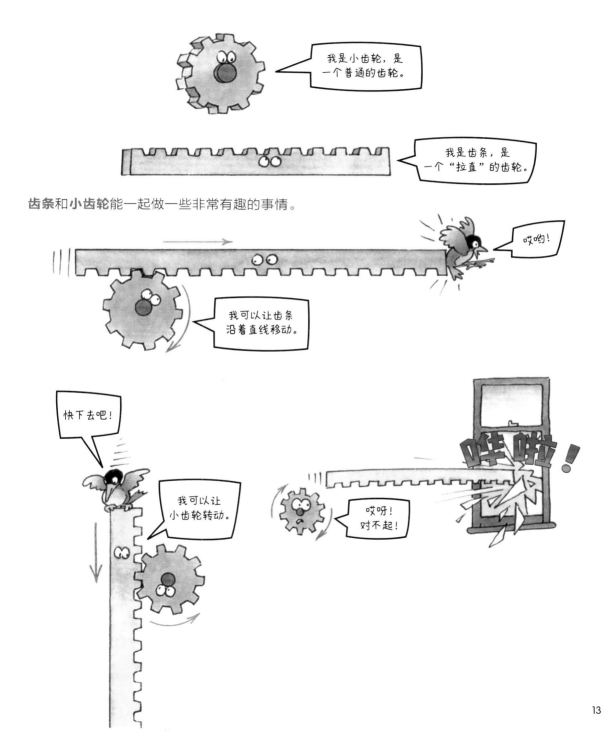

齿条和小齿轮能一起做一些非常有趣的事情。

齿条和小齿轮的 齿数比

齿条和小齿轮的机械原理

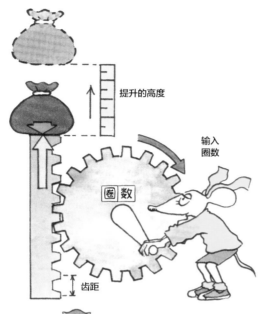

提升的高度

输入圈数

圈数

齿距

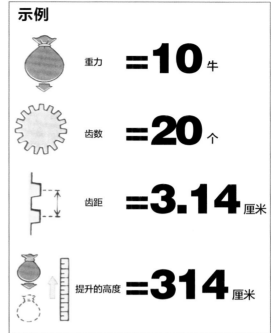

示例

重力 $=$ **10** 牛

齿数 $=$ **20** 个

齿距 $=$ **3.14** 厘米

提升的高度 $=$ **314** 厘米

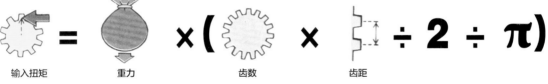

输入扭矩　重力　齿数　齿距

$$= \text{重力} \times (\text{齿数} \times \text{齿距} \div 2 \div \pi)$$

输入扭矩　重力　齿数　齿距

$$= 10 \times (20 \times 3.14 \div 2 \div \pi) = 100 \text{ 牛·厘米}$$

输入圈数　提升的高度　齿距　齿数

$$= \text{提升的高度} \div \text{齿距} \div \text{齿数}$$

输入圈数　提升的高度　齿距　齿数

$$= 314 \div 3.14 \div 20 = 5 \text{ 圈}$$

什么是**蜗杆**和**蜗轮**？

蜗杆是一种特殊的齿轮，
也可以被看作一种螺旋。

蜗轮是与蜗杆相啮合的齿轮。

蜗杆的轴始终和蜗轮的轴成 90°。

蜗杆和蜗轮的 **传动比**

蜗杆转动一圈，蜗轮转动一个齿。

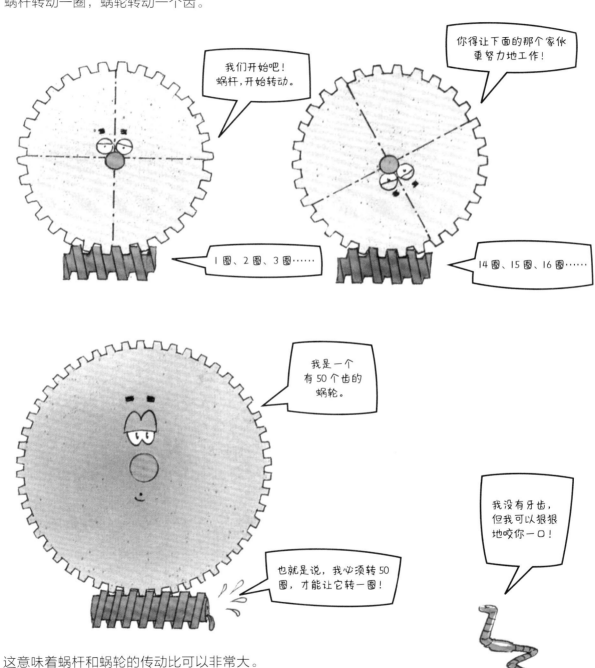

我们开始吧！
蜗杆，开始转动。

你得让下面的那个家伙
更努力地工作！

1圈、2圈、3圈……

14圈、15圈、16圈……

我是一个
有50个齿的
蜗轮。

也就是说，我必须转50
圈，才能让它转一圈！

我没有牙齿，
但我可以狠狠
地咬你一口！

这意味着蜗杆和蜗轮的传动比可以非常大。

蜗杆和蜗轮的
机械原理

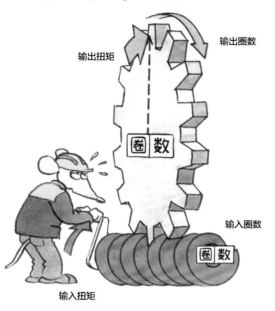

输出扭矩

输出圈数

输入圈数

输入扭矩

示例

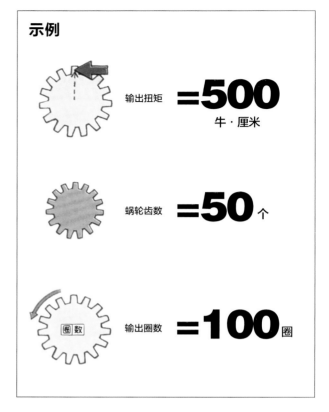

输出扭矩 $=$ **500** 牛·厘米

蜗轮齿数 $=$ **50** 个

输出圈数 $=$ **100** 圈

输入圈数

$=$

输出圈数

$\times$

蜗轮齿数

输入圈数

$=$ **100** $\times$ **50** $=$ **5000** 圈

输出圈数   蜗轮齿数

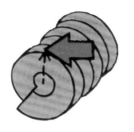 

输入扭矩　　　　　　　输出扭矩　　　　　　蜗轮齿数

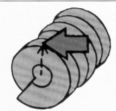 $= 500 \div 50 = 10$ 牛·厘米

理想输入扭矩　　　　输出扭矩　　　　　蜗轮齿数

伙计们，不算上我可不行。

蜗轮效率不高，因为我们不能忽略摩擦等因素。

示例

 $=25\%$

效率

 $=$  $\div$

实际输入扭矩　　　　　理想输入扭矩　　　　　效率

 $= 10 \div 25\% = 40$ 牛·厘米

　　　　　理想输入扭矩　　　　效率

实际输入扭矩

这对我们没太大影响。

这只对扭矩有影响。

19

关于 **蜗轮** 和 **蜗杆** 的那些事儿

通常来说，蜗杆和蜗轮用于减速传动；
蜗杆能驱动蜗轮，但蜗轮不能驱动蜗杆。

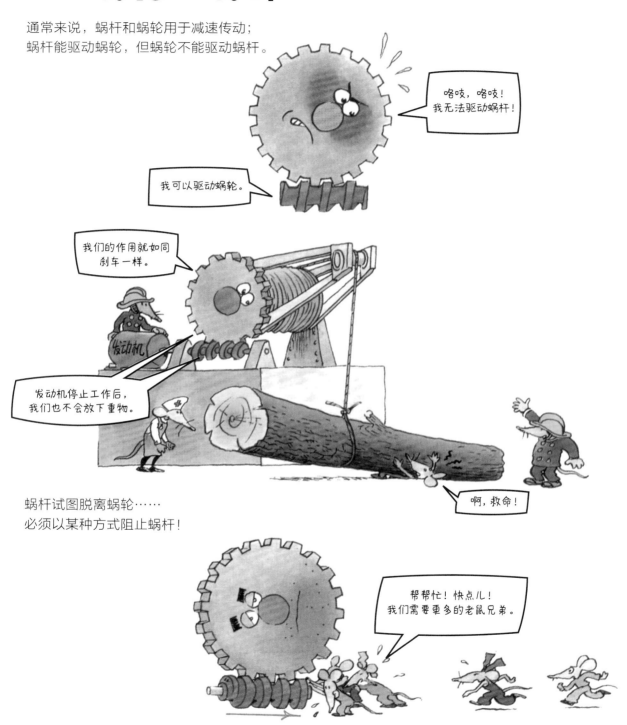

蜗杆试图脱离蜗轮……
必须以某种方式阻止蜗杆！

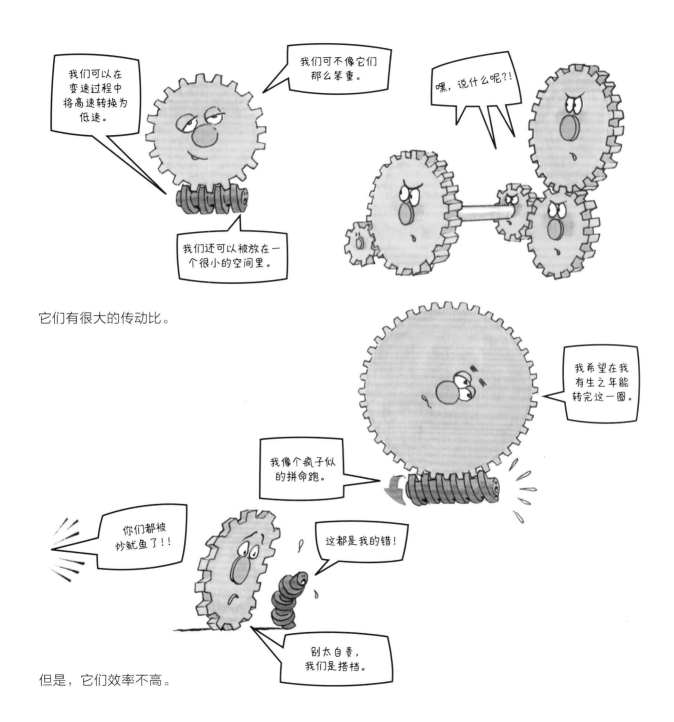

它们有很大的传动比。

但是，它们效率不高。

使用**齿轮**的地方

什么是**滑轮**?

滑轮可以看作一个圆盘。

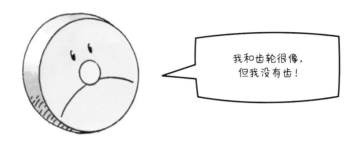

皮带或**绳索**缠绕在滑轮的边缘:
当皮带或绳索被拉动时,滑轮开始转动。

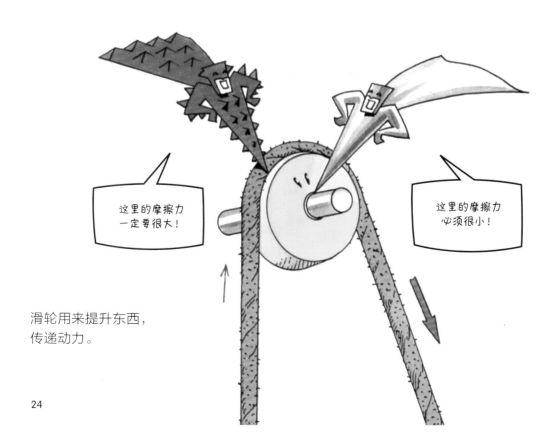

滑轮用来提升东西,
传递动力。

提升重物一直是个难题。

人们最初把绳索搭在树枝上，以提升重物。

有个亚述人想到了使用滑轮，这样提起重物就容易多了。

滑轮的类型

古希腊人发明了**复式滑轮**。

滑轮的**工作原理**

支撑重物的绳子段数越多，提升重物就越容易。但是，将重物提升到同样的高度，必须把绳子拉得更远。

我们有 4 段绳子支撑着重物。

这段绳子没有支撑重物，所以不要将它算在内。

这段绳子在支撑重物，所以要算上它。

这是另一种复式滑轮。

绳子为 4 段时……

只需用原来 1/4 的力。

是的！但是，你必须把绳子拉到原来的 4 倍远。

滑轮的 机械原理

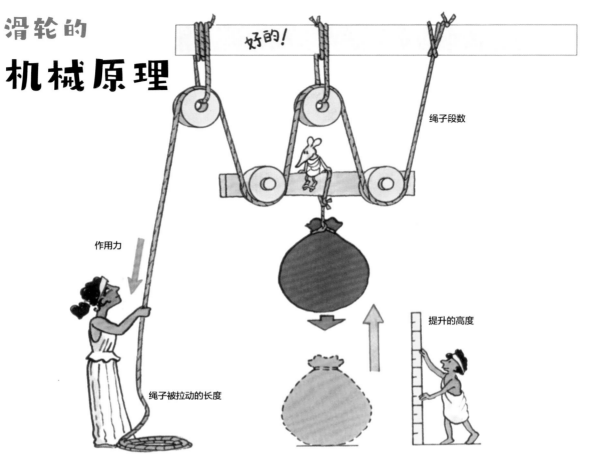

好的!

绳子段数

作用力

绳子被拉动的长度

提升的高度

示例

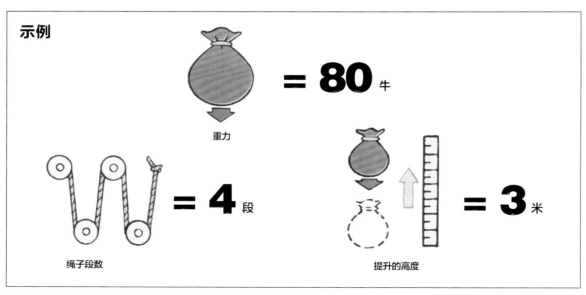

重力 = **80** 牛

绳子段数 = **4** 段

提升的高度 = **3** 米

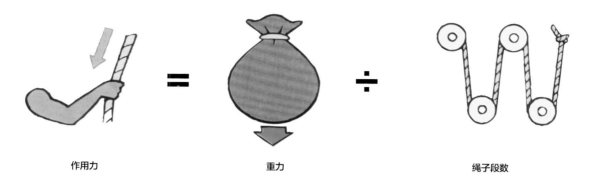

作用力　　　　　　　　　　重力　　　　　　　　　　绳子段数

作用力　　　　　　　重力　　　　　绳子段数

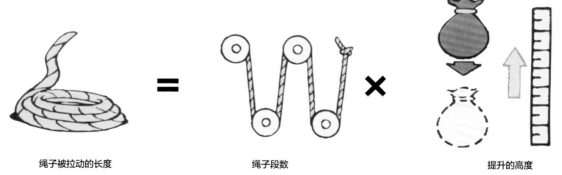

绳子被拉动的长度　　　　　　绳子段数　　　　　　　提升的高度

绳子被拉动的长度　　　　　绳子段数　　　　提升的高度

关于**滑轮**的那些事儿

起重滑轮适合起吊重物。

滑轮既可以用来提升重的东西，也可以用来提升轻的东西。

滑轮可以把东西提升得很高。

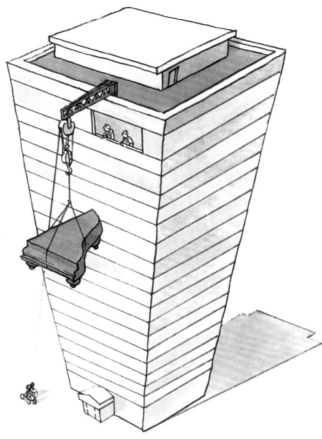

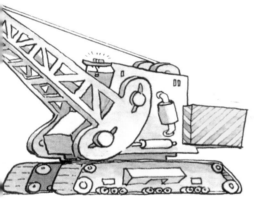

滑轮也可以用来拖拽东西。

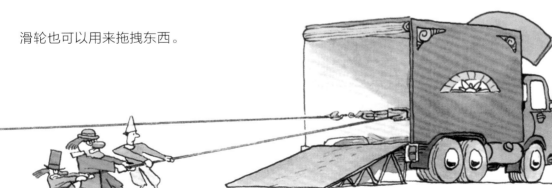

使用 **滑轮** 的地方

船上总使用很多滑轮。

吊艇架是大型船舶上的装置，它们使用滑轮来起卸救生艇。

滑轮可以用来升起或降下船帆。

滑轮

滑轮

滑轮可以用来升起信号旗。

滑轮可以使船帆保持在合适的位置。

使用绞盘和滑轮可以拉动小艇。

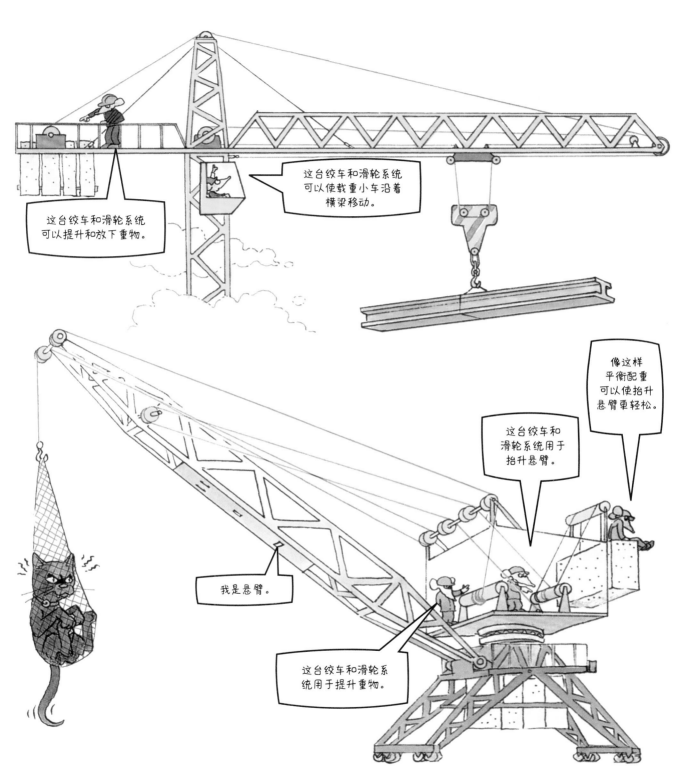

33

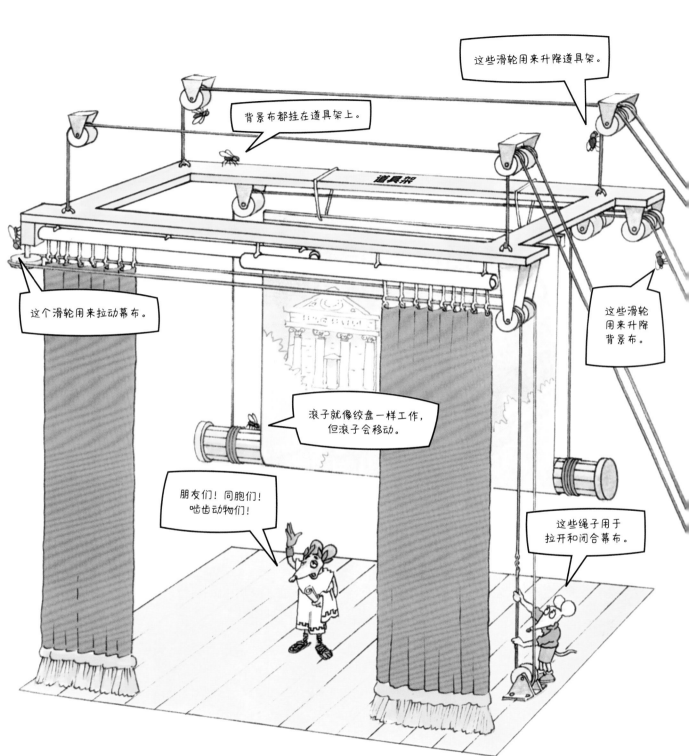

传递动力的滑轮——皮带轮

有些机械能产生动力，有些机械能传递动力，而另一些机械则需要动力才能工作。

我能产生动力。

我需要动力。

我们能传递动力。

我能使滑轮转动。

我能拉动皮带。

皮带让我转动。

皮带和滑轮之间的摩擦力使其工作。

嘿，嘿，嘿！好棒！

哎呀！它们正朝着同一个方向转动。

如果我来驱动，我比它转得快。

如果我来驱动，我比它转得慢。

好奇怪！

和齿轮副一样，主动滑轮也可以用来增速或减速。

我转得慢，但扭矩大，就像减速齿轮副一样。

我转得快，但扭矩小，就像增速齿轮副一样。

皮带轮是怎么工作的？

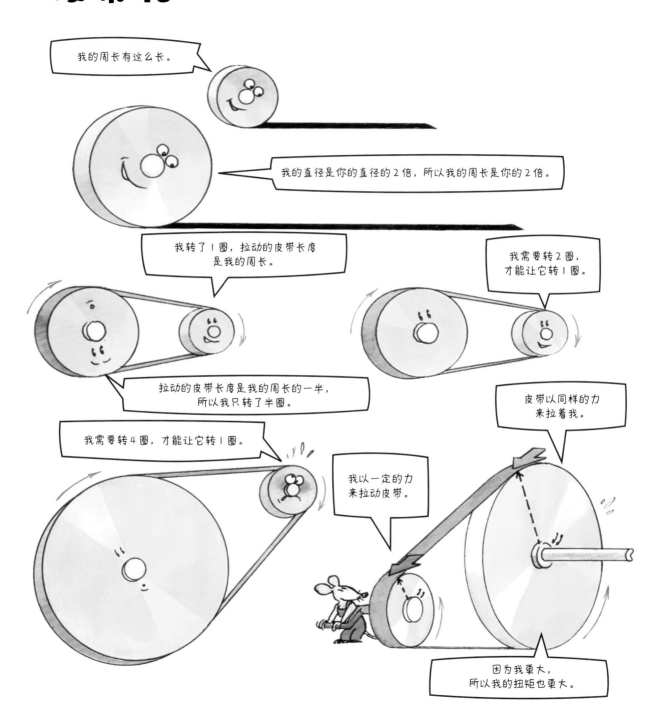

我的周长有这么长。

我的直径是你的直径的2倍，所以我的周长是你的2倍。

我转了1圈，拉动的皮带长度是我的周长。

我需要转2圈，才能让它转1圈。

拉动的皮带长度是我的周长的一半，所以我只转了半圈。

皮带以同样的力来拉着我。

我需要转4圈，才能让它转1圈。

我以一定的力来拉动皮带。

因为我更大，所以我的扭矩也更大。

36

皮带轮的 机械原理

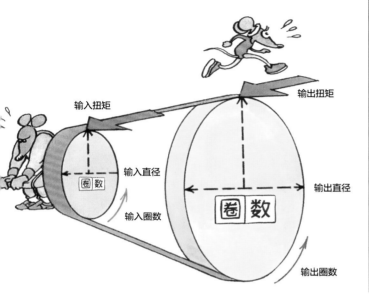

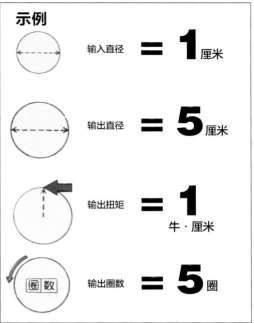

示例

输入直径	=	**1** 厘米
输出直径	=	**5** 厘米
输出扭矩	=	**1** 牛·厘米
输出圈数	=	**5** 圈

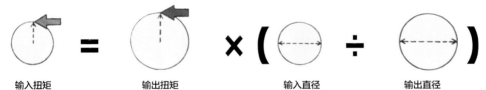

输入扭矩 = 输出扭矩 × (输入直径 ÷ 输出直径)

输入扭矩 = **1** × （**1** ÷ **5**）= **0.2** 牛·厘米

输出扭矩　输入直径　输出直径

输入圈数 = 输出圈数 × (输出直径 ÷ 输入直径)

输入圈数 = **5** × （**5** ÷ **1**）= **25** 圈

输出圈数　输出直径　输入直径

示例中的图示仅为说明，其大小之比并不完全对应，下同。——编者注

皮带轮的类型

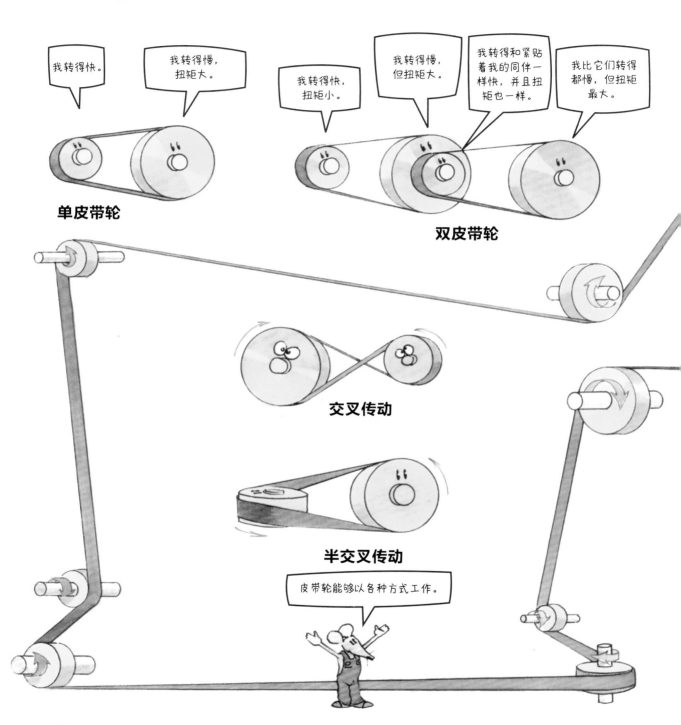

单皮带轮

双皮带轮

交叉传动

半交叉传动

有些皮带轮的作用只是让皮带运转到正确的位置。

副轴

可以驱动许多不同机器的轴称为副轴。

我的长度保持不变。我只是从一个轮移动到另一个轮上。

输出速度取决于皮带轮所放的位置。

变速驱动

收紧 皮带

如果皮带不够紧，皮带轮就不会工作。

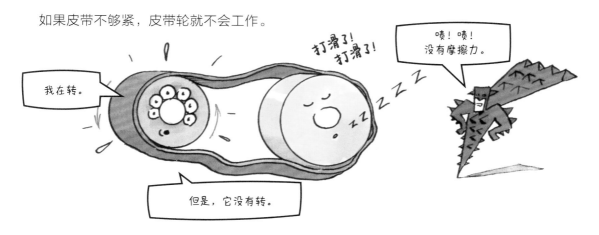

有好几种方法可以确保皮带轮收紧。

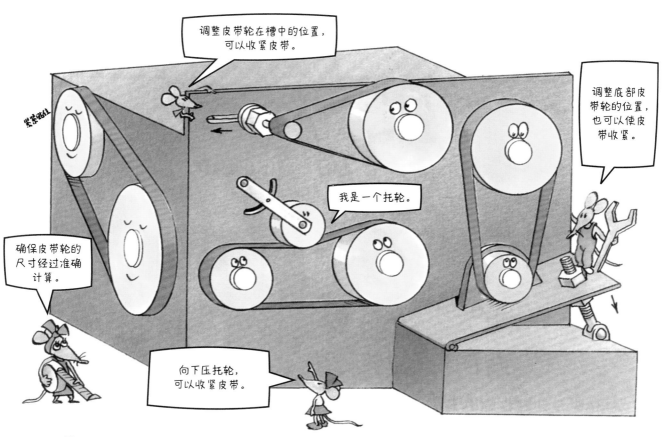

关于**皮带轮**的那些事儿

相比于齿轮系，皮带轮系统结构简单，它们作用的
距离可以很长。

使用 **皮带轮** 的地方

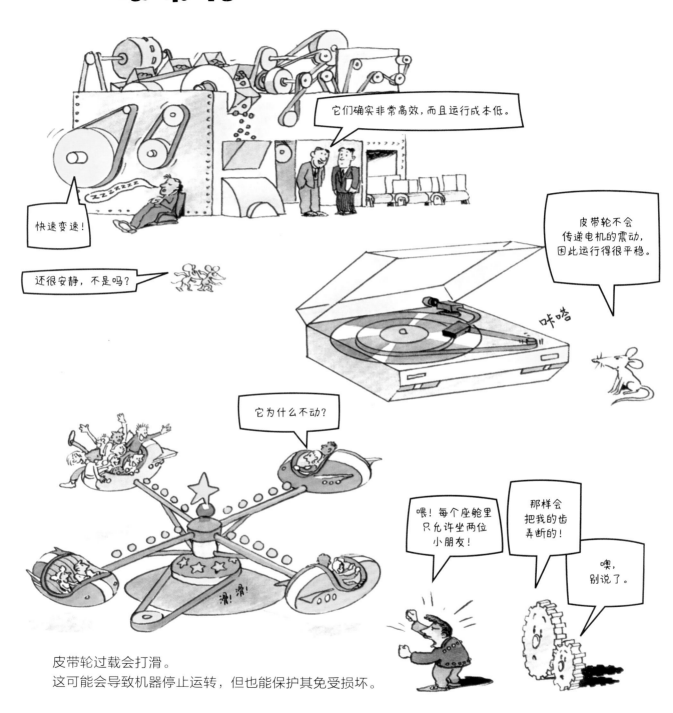

它们确实非常高效，而且运行成本低。

快速变速！

还很安静，不是吗？

皮带轮不会传递电机的震动，因此运行得很平稳。

咔嗒

它为什么不动？

喂！每个座舱里只允许坐两位小朋友！

那样会把我的齿弄断的！

噢，别说了。

滑！滑！

皮带轮过载会打滑。
这可能会导致机器停止运转，但也能保护其免受损坏。

计算机磁盘将信息存储为磁信号。读写头是一种小工具，它可以将数据记录到磁盘上，然后再读取。

什么是**链轮**?

链轮是带齿的滑轮，类似于齿轮。

链条是一组链节，通常由金属制成。

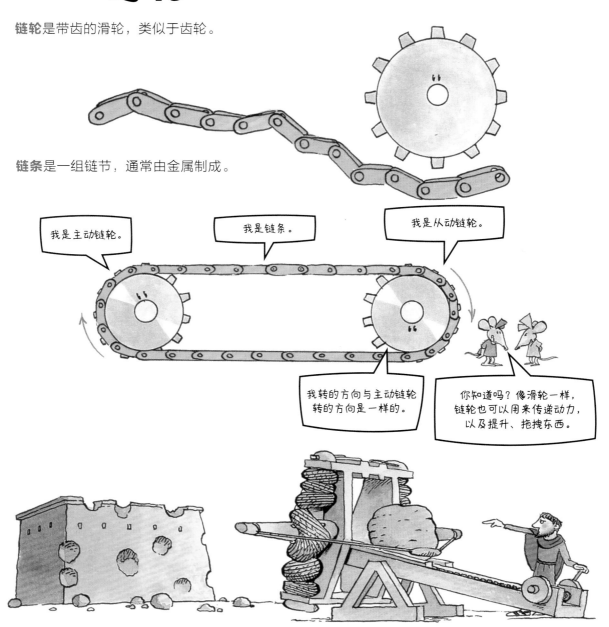

我是主动链轮。

我是链条。

我是从动链轮。

我转的方向与主动链轮转的方向是一样的。

你知道吗？像滑轮一样，链轮也可以用来传递动力，以及提升、拖拽东西。

古希腊人最早发明并使用了链轮。
公元前 200 年，古希腊哲学家费隆将其应用于弹射装置中。

链轮 是怎么工作的？

链轮类似于皮带轮。
皮带轮依靠摩擦力工作，
而链轮依靠链轮齿工作。

链轮和齿轮一样，齿距相同时，齿数越多，
也就越大。

像齿轮和滑轮一样，
链轮也可以用来增速或减速。

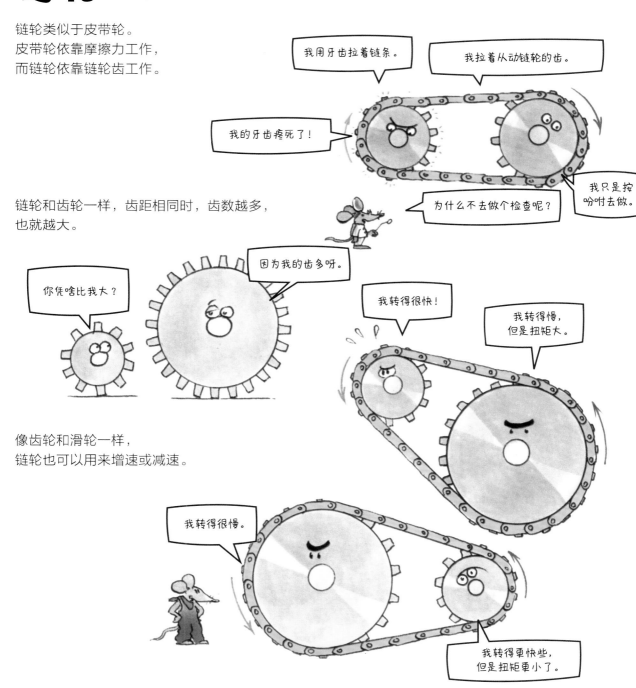

我用牙齿拉着链条。

我拉着从动链轮的齿。

我的牙齿疼死了！

为什么不去做个检查呢？

我只是按吩咐去做。

你凭啥比我大？

因为我的齿多呀。

我转得很快！

我转得慢，
但是扭矩大。

我转得很慢。

我转得更快些，
但是扭矩更小了。

链轮的机械原理

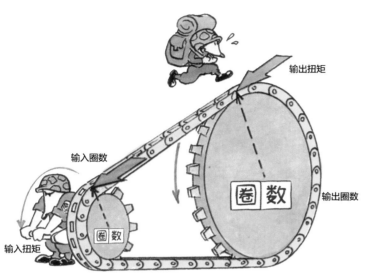

输出扭矩

输入圈数

输出圈数

卷 数

输入扭矩

圈 数

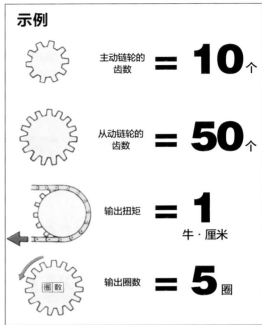

示例

主动链轮的齿数 $= \mathbf{10}$ 个

从动链轮的齿数 $= \mathbf{50}$ 个

输出扭矩 $= \mathbf{1}$ 牛·厘米

输出圈数 $= \mathbf{5}$ 圈

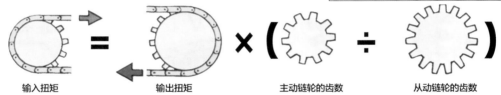

输入扭矩　　输出扭矩　　主动链轮的齿数　　从动链轮的齿数

输入扭矩　　输出扭矩　　主动链轮的齿数　　从动链轮的齿数　　牛·厘米

$$1 \times (10 \div 50) = 0.2$$

输入圈数　　输出圈数　　主动链轮的齿数　　从动链轮的齿数

输入圈数　　输出圈数　　从动链轮的齿数　　主动链轮的齿数　　圈

$$5 \times (50 \div 10) = 25$$

链传动的类型

单链传动

复合链传动

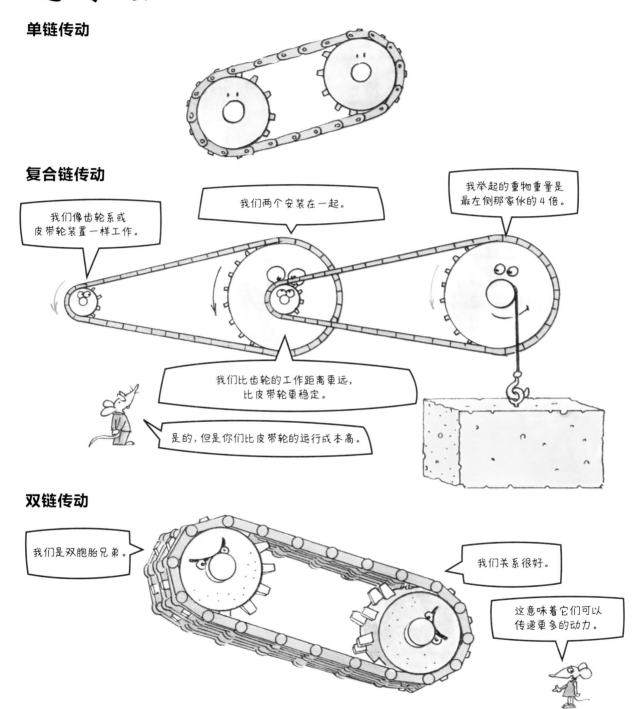

双链传动

关于 **链轮** 的那些事儿

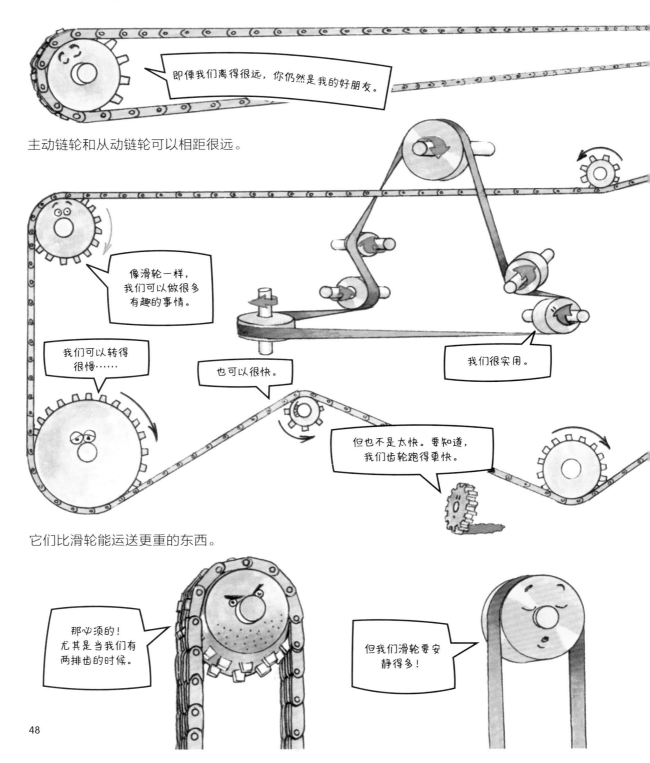

主动链轮和从动链轮可以相距很远。

它们比滑轮能运送更重的东西。

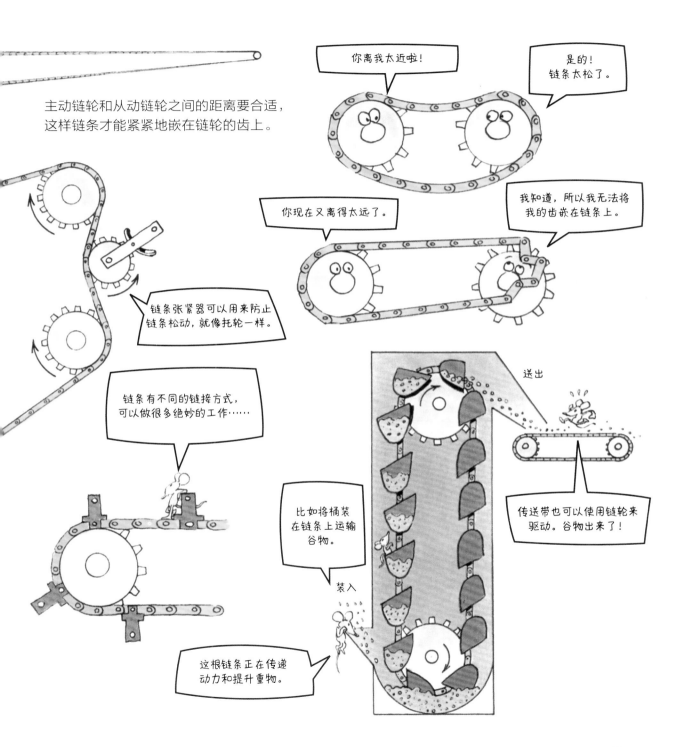

主动链轮和从动链轮之间的距离要合适，这样链条才能紧紧地嵌在链轮的齿上。

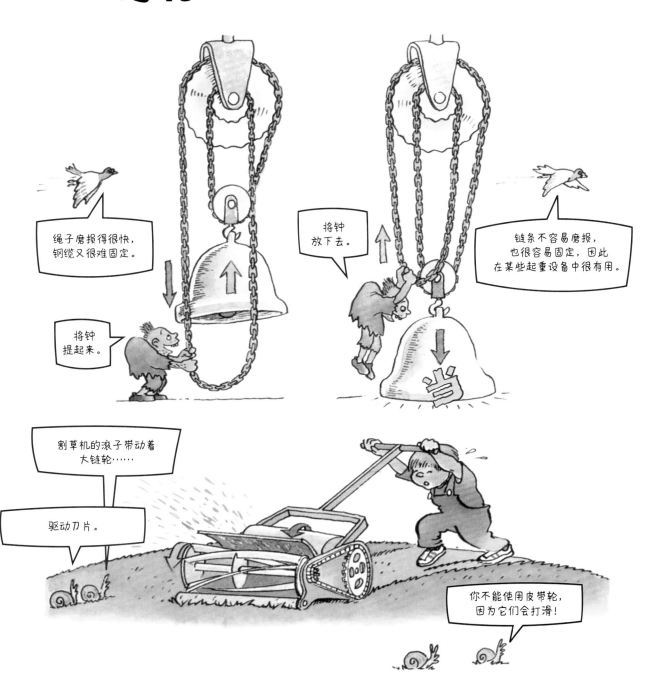

自行车用的是固定链轮，
可以使链条收紧。

拉动链条可以用来转动那些够不着的齿轮。

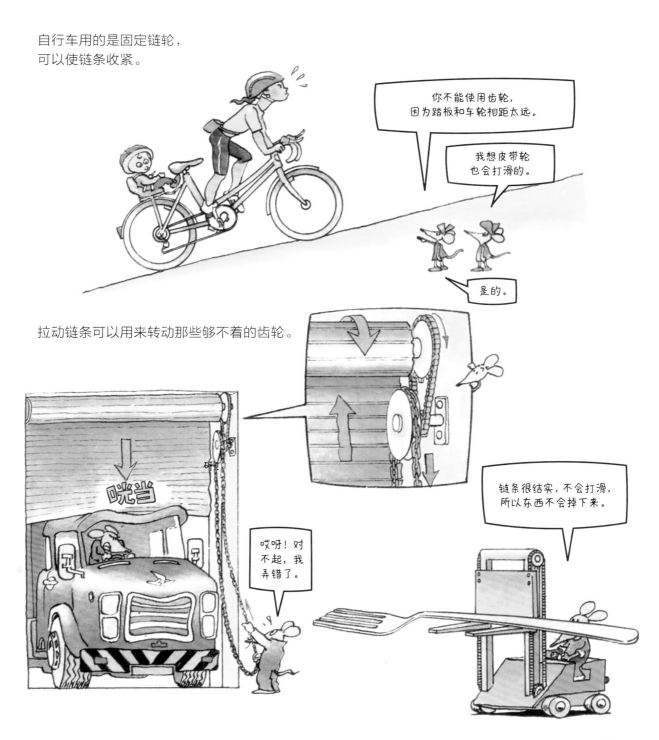

你不能使用齿轮，
因为路板和车轮相距太远。

我想皮带轮
也会打滑的。

是的。

链条很结实，不会打滑，
所以东西不会掉下来。

哎呀！对
不起，我
弄错了。

自动扶梯使用链条和滑轮。

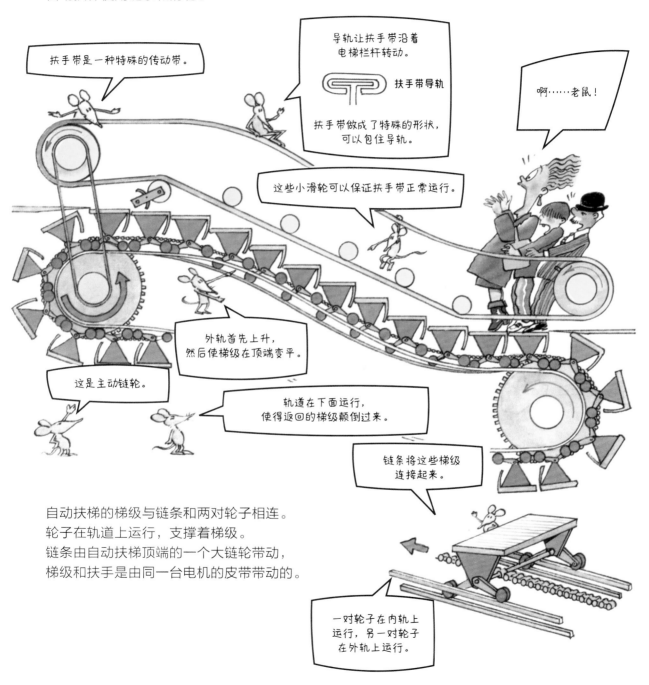

扶手带是一种特殊的传动带。

导轨让扶手带沿着
电梯栏杆转动。

扶手带导轨

扶手带做成了特殊的形状，
可以包住导轨。

啊……老鼠！

这些小滑轮可以保证扶手带正常运行。

这是主动链轮。

外轨首先上升，
然后使梯级在顶端变平。

轨道在下面运行，
使得返回的梯级颠倒过来。

链条将这些梯级
连接起来。

自动扶梯的梯级与链条和两对轮子相连。
轮子在轨道上运行，支撑着梯级。
链条由自动扶梯顶端的一个大链轮带动，
梯级和扶手是由同一台电机的皮带带动的。

一对轮子在内轨上
运行，另一对轮子
在外轨上运行。

什么是**轮轴**?

轮轴看起来像由两个不同大小的圆柱组成的。

我有一个直径较大的轮子和一根直径较小的轴。

它看起来像个大鼻子。

轮轴是古希腊人发明的五大简单机械之一。

古代的轮轴有一根绳子缠绕在轮上,一根绳子缠绕在轴上。拉动轮上的绳子,就可以使轮轴转动。重物则由缠绕在轴上的绳子拉动。

这种装置就像一台机器上装了两个轮轴。

这是一种特殊的轮轴。

轮轴是怎么工作的？

轮子的周长要大于轴的周长。

哦。

因此，如果我用绳子使轮子转一圈……

轴也会转一圈，上面的绳子就会缠绕一圈。

这也就是重物被提升的高度。

没错！

轮轴就像杠杆。

支点

力

重物

用很小的力就能拉起很重的重物。

轮轴的 机械原理

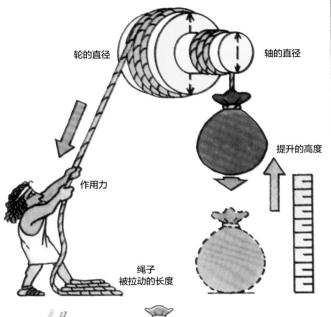

轮的直径
轴的直径
作用力
提升的高度
绳子被拉动的长度

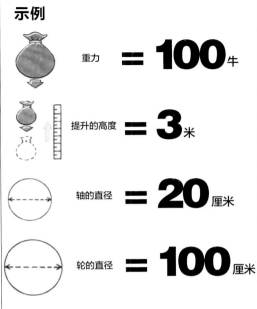

示例

重力 = **100** 牛

提升的高度 = **3** 米

轴的直径 = **20** 厘米

轮的直径 = **100** 厘米

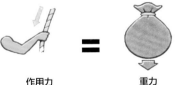

作用力 = 重力 × (轴的直径 ÷ 轮的直径)

作用力 = **100** × (**20** ÷ **100**) = **20** 牛

重力　　　　轴的直径　　轮的直径

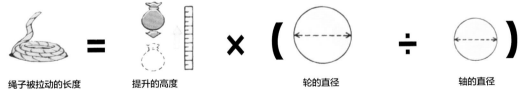

绳子被拉动的长度 = 提升的高度 × (轮的直径 ÷ 轴的直径)

绳子被拉动的长度 = **3** × (**100** ÷ **20**) = **15** 米

提升的高度　　轮的直径　　轴的直径

55

关于**轮轴**的那些事儿

轮轴不需要绳子也可以工作。

使用**轮轴**的地方

方向盘

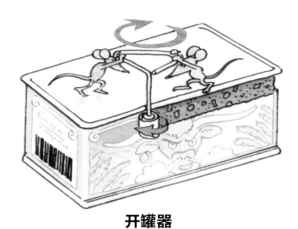

开罐器

这是一种特殊的轮轴，它叫辘轳。

水井

你真的不需要我了！

螺丝刀

什么是**绞盘**?

绞盘是缠有绳子的圆筒。

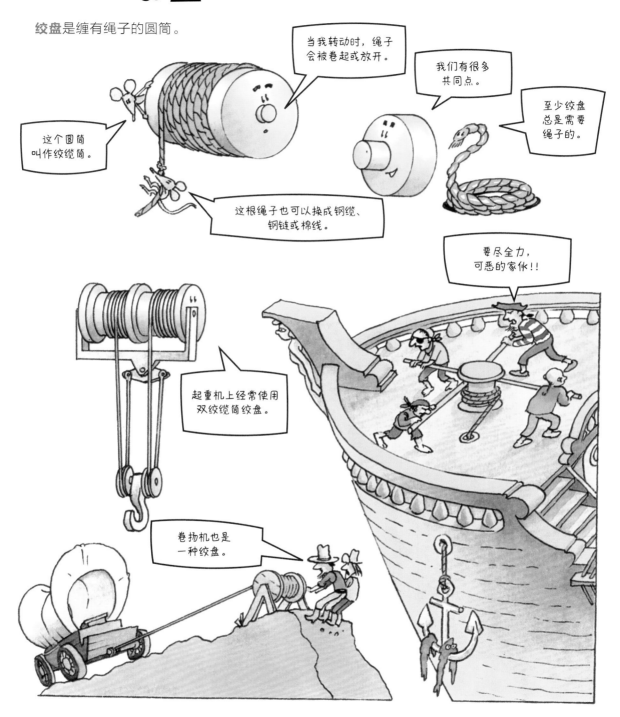

当我转动时,绳子会被卷起或放开。

我们有很多共同点。

至少绞盘总是需要绳子的。

这个圆筒叫作绞缆筒。

这根绳子也可以换成钢缆、钢链或棉线。

要尽全力,可恶的家伙!!

起重机上经常使用双绞缆筒绞盘。

卷扬机也是一种绞盘。

绞盘 是怎么工作的？

绞盘上的绳子在摩擦力的作用下会被拉紧。

当绞盘转动时，绳子在摩擦力的作用下被拉紧，缠到绞缆筒上。

绞盘的机械原理

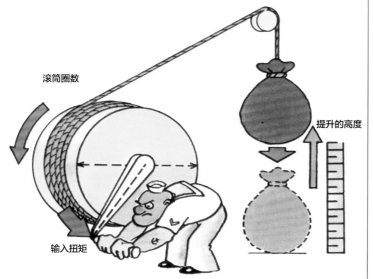

滚筒圈数

输入扭矩

提升的高度

示例

 重力 = **100** 牛

 绞缆筒直径 = **0.7** 米

 提升的高度 = **22** 米

 = × (÷ **2**)

输入扭矩   重力   绞缆筒直径

 = **100** × (**0.7** ÷ **2**) = **35** 牛·米

输入扭矩   重力   绞缆筒直径

 = ÷ **π** ÷

绞盘转动的圈数   提升的高度   绞缆筒直径

 = **22** ÷ **π** ÷ **0.7** ≈ **10** 圈

绞盘转动的圈数   提升的高度   绞缆筒直径

关于**绞盘**的那些事儿

使用**绞盘**的地方

陀螺就是一种绞盘。

悠悠球也是绞盘！

吉他调音钮也是绞盘。

大多数起重机都使用绞盘。

盒式磁带录音机通过转动磁带盘轴，使磁带移动。

这个线轴是一个绞盘。

钓竿上的线轮是绞盘。

什么是**滚子**?

滚子是一个长圆柱体。

目前尚不清楚滚子是如何被发明出来的，
但它们在世界各地被广泛使用。

什么是**轮子**？

轮子是安装在轴上的圆盘。

轮子是世界上最重要的发明之一。
公元前 3200 年左右，它首次出现在
美索不达米亚（今伊拉克）。

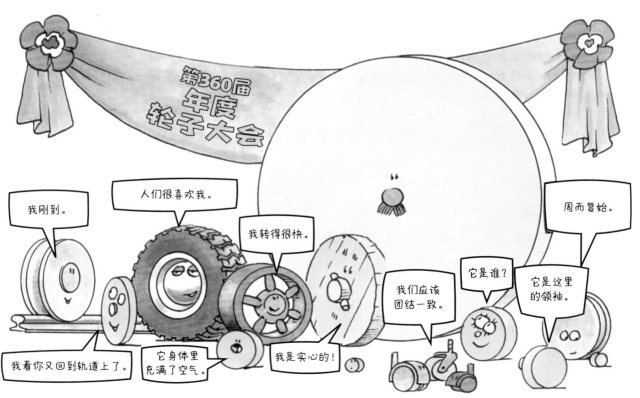

轮子和滚子 是怎么工作的？

当轴被固定在轮子上时，它们一起转动。

你需要我。

我不让轮子转动，并且试着阻止它移动。

轮子和轴就像很多杠杆在一起工作。

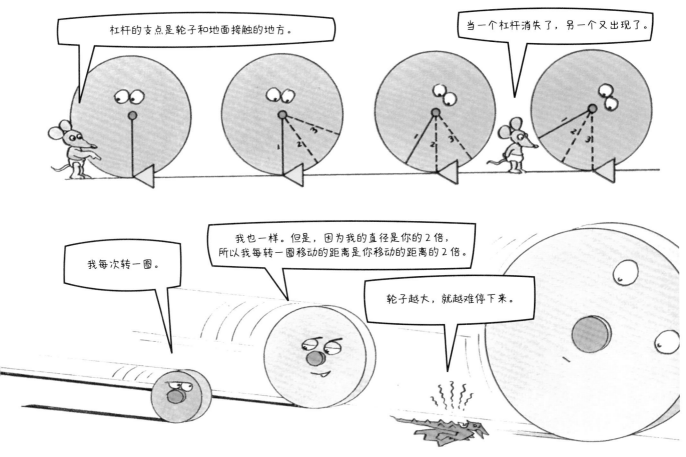

杠杆的支点是轮子和地面接触的地方。

当一个杠杆消失了，另一个又出现了。

我每次转一圈。

我也一样。但是，因为我的直径是你的 2 倍，所以我每转一圈移动的距离是你移动的距离的 2 倍。

轮子越大，就越难停下来。

关于**轮子和滚子**的那些事儿

使用**轮子和滚子**的地方

什么是**杠杆**?

杠杆其实就是一根棍。

杠杆有**支点**才能发挥作用，支点又叫枢轴。

杠杆是已知的最古老机械之一，
几乎每个文明中都有它的身影。

古希腊学者阿基米德提出了杠杆原理。
他曾说："给我一个支点，我就能撬起整个地球。"

杠杆是怎么工作的?

杠杆的机械原理

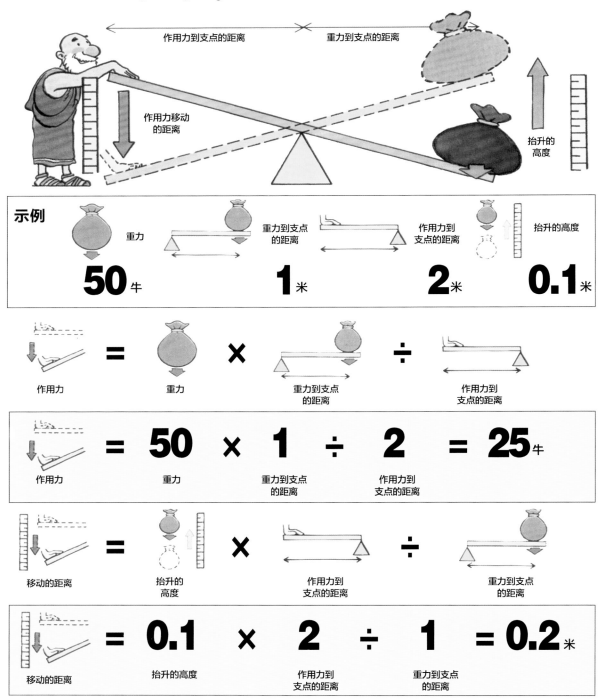

示例

重力 **50** 牛　重力到支点的距离 **1** 米　作用力到支点的距离 **2** 米　抬升的高度 **0.1** 米

作用力 ＝ 重力 × 重力到支点的距离 ÷ 作用力到支点的距离

作用力 ＝ **50** × **1** ÷ **2** ＝ **25** 牛
重力　重力到支点的距离　作用力到支点的距离

移动的距离 ＝ 抬升的高度 × 作用力到支点的距离 ÷ 重力到支点的距离

移动的距离 ＝ **0.1** × **2** ÷ **1** ＝ **0.2** 米
抬升的高度　作用力到支点的距离　重力到支点的距离

70

杠杆的类型

有三种不同的杠杆。

第一种： 支点在重力和作用力之间。

第二种： 重力在作用力和支点之间。

第三种： 作用力在重力和支点之间。

关于 **杠杆** 的那些事儿

使用**杠杆**的地方

我们的祖先使用过一些简单的杠杆，我们也一样。

杠杆有各种形状。

体重秤利用杠杆原理来称量人们的体重。

小手一挥！音乐走起！

体重秤显示了
我的体重。

配重

我将滑砣从支点移开，
只要二者离得足够远，
杠杆就能平衡。

杠杆组合在一起，
形成的复杂系统被称为连杆。

老式打字机中就用了连杆。

什么是凸轮？

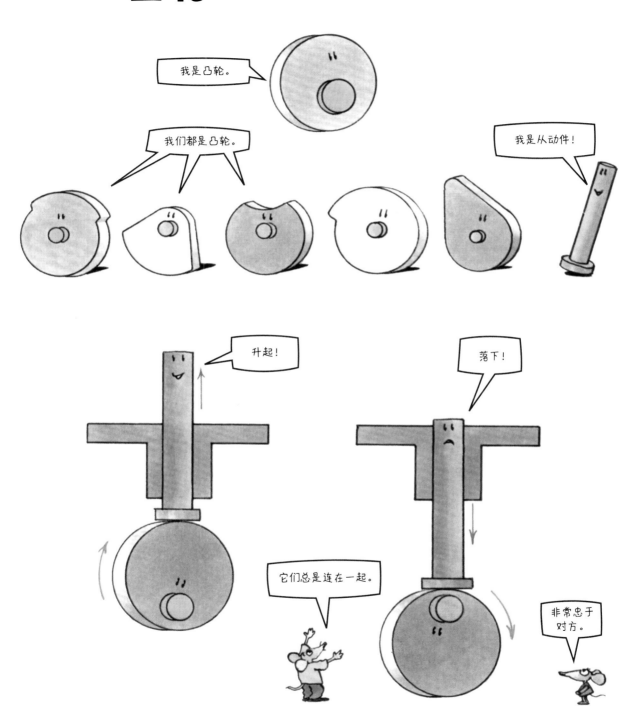

凸轮 系统

凸轮和从动件可以通过多种方式工作。

哎呀！

我是凸轮。

我是从动件。

我不动！

我在动！

凸轮每转1圈我就转1/4圈。

大多数时候我都是一动不动的！

我被顶上去了！

再突然落下来！

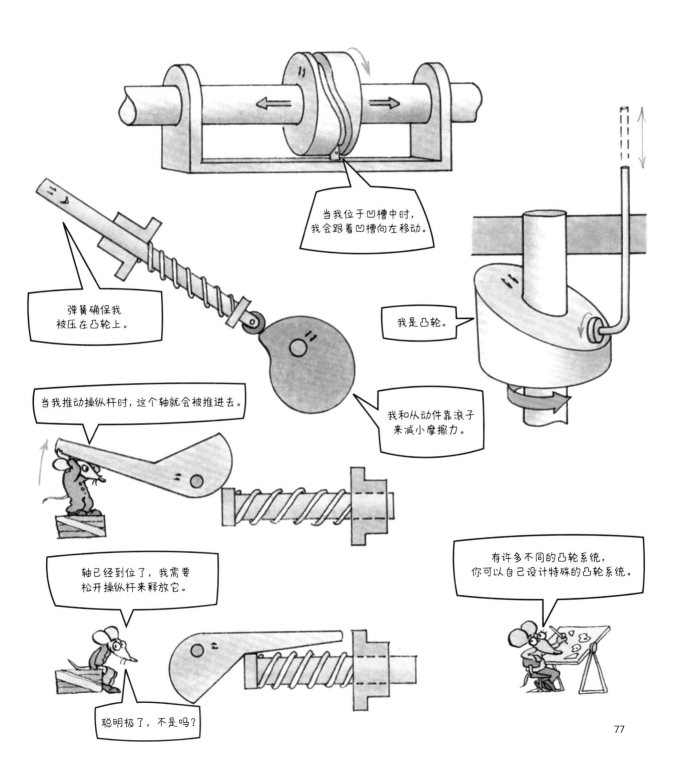

关于**凸轮**的那些事儿

凸轮可用来产生特殊的运动方式。

凸轮可用作简单的机械控制装置。

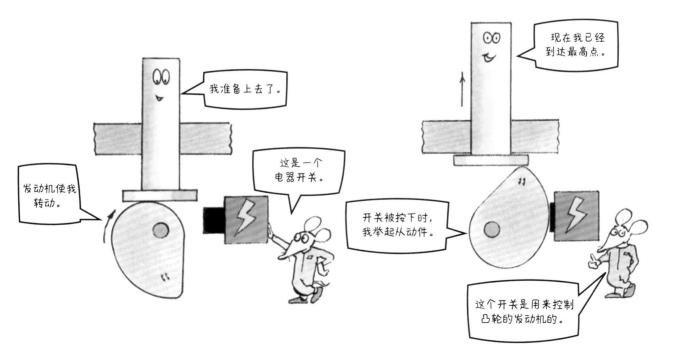

使用 **凸轮** 的地方

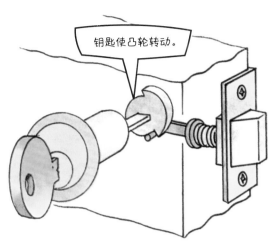

钥匙使凸轮转动。

凸轮拉动螺栓，将门锁打开。

松开钥匙，弹簧又将螺栓推回。

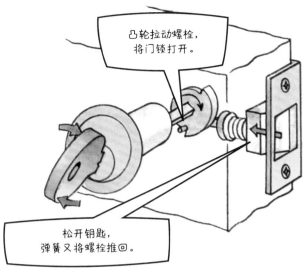

凸轮轴调节阀让混合气不断进入汽车发动机，并将废气排出。

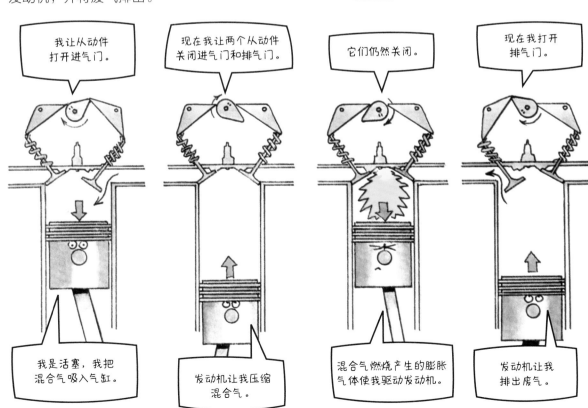

我让从动件打开进气门。

现在我让两个从动件关闭进气门和排气门。

它们仍然关闭。

现在我打开排气门。

我是活塞，我把混合气吸入气缸。

发动机让我压缩混合气。

混合气燃烧产生的膨胀气体使我驱动发动机。

发动机让我排出废气。

什么是**连杆**?

特殊的 连杆

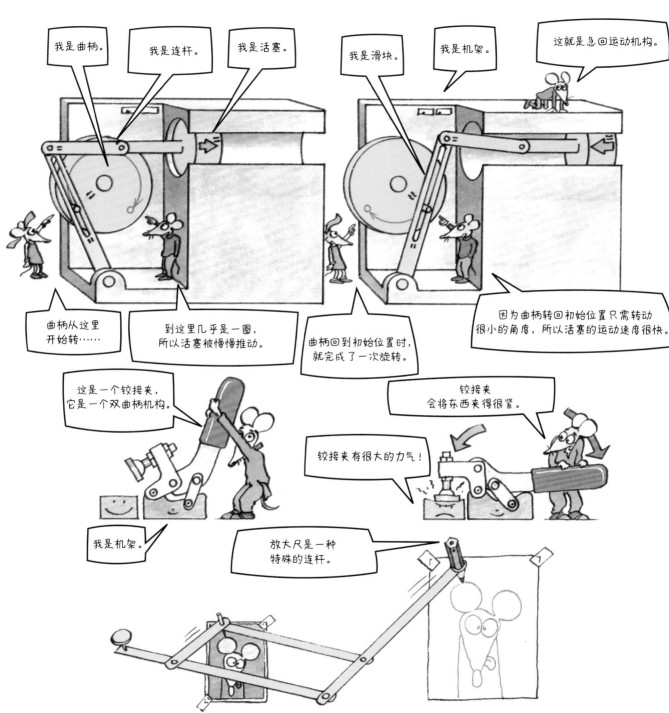

关于**连杆**的那些事儿

使用**连杆**的地方

木偶身上有很多连杆。

居然被机械手给抓住了，丢死人了啊！

伙计们，雨伞上也有连杆。

汽车和火车上都使用滑块。

我们的手臂有时也是机械的一部分。

这会让她变成半机械人吗？

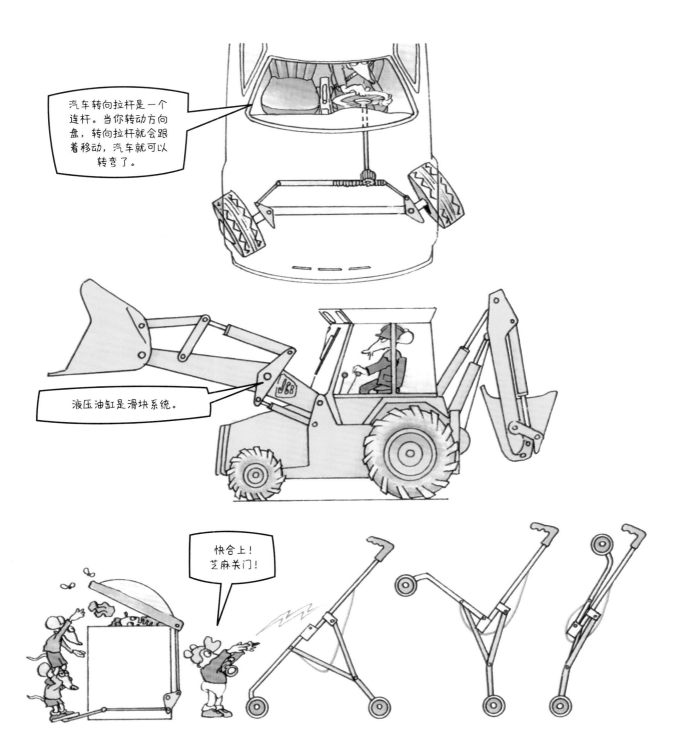

什么是斜面？

斜面就是斜坡。

据说，埃及人利用斜面来建造金字塔。

摩擦力使物体难以被推动。

斜面的机械原理

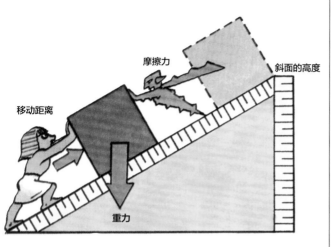

移动距离
摩擦力
斜面的高度
重力

示例

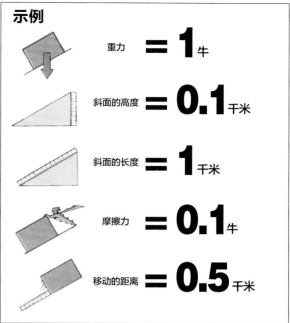

重力 $= 1$ 牛

斜面的高度 $= 0.1$ 千米

斜面的长度 $= 1$ 千米

摩擦力 $= 0.1$ 牛

移动的距离 $= 0.5$ 千米

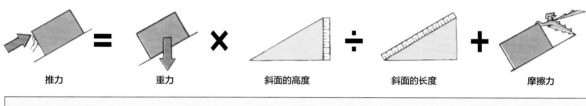

推力　　重力　　斜面的高度　　斜面的长度　　摩擦力

$= 1 \times 0.1 \div 1 + 0.1 = 0.2$ 牛

推力　　重力　　斜面的高度　　斜面的长度　　摩擦力

提升的高度　　移动的距离　　斜面的高度　　斜面的长度

$= 0.5 \times 0.1 \div 1 = 0.05$ 千米

提升的高度　　移动的距离　　斜面的高度　　斜面的长度

关于**斜面**的那些事儿

使用**斜面**的地方

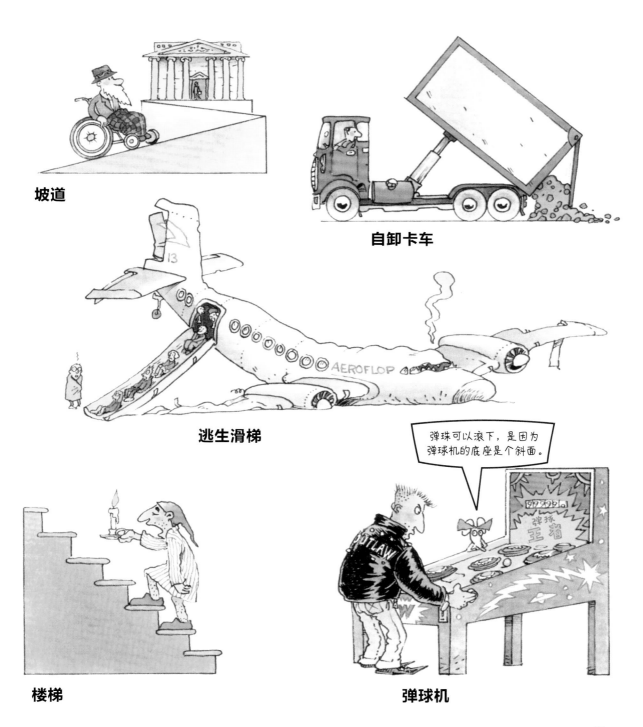

坡道

自卸卡车

逃生滑梯

弹珠可以滚下，是因为弹球机的底座是个斜面。

楼梯

弹球机

什么是劈?

劈小巧便携，由角度很小的斜面组成。

使用劈的地方

什么是螺旋？

螺旋可以看作缠绕在圆柱体上的斜面。

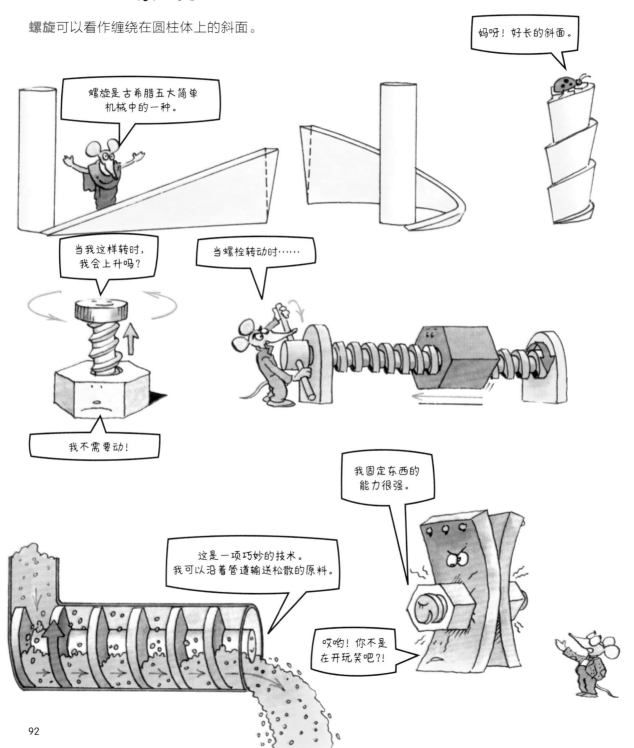

螺旋是怎么工作的?

螺旋的 机械原理

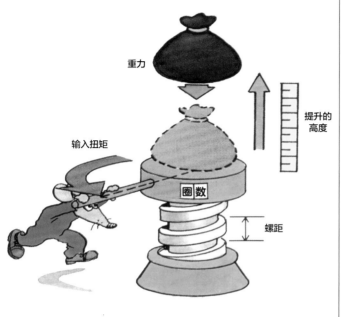

重力

输入扭矩

提升的高度

螺距

圈数

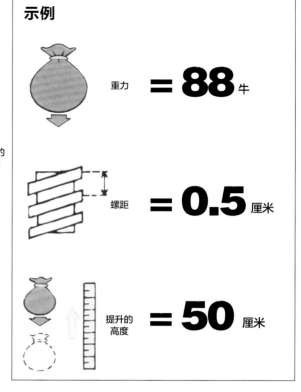

示例

重力 = **88** 牛

螺距 = **0.5** 厘米

提升的高度 = **50** 厘米

螺旋转的圈数 = 提升的高度 ÷ 螺距

螺旋转的圈数 = **50** ÷ **0.5** = **100**

提升的高度   螺距   圈

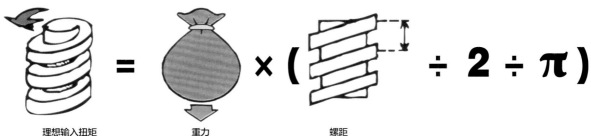

理想输入扭矩　　　　　重力　　　　　　螺距

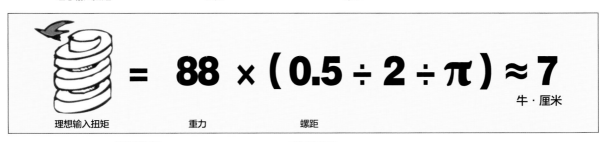

理想输入扭矩　　　重力　　　　螺距

牛·厘米

那是因为没有我，伙计们。

螺旋效率很低，所以我们不能忘记摩擦力。

示例数据

= 35%

效率

实际输入扭矩　　　　　理想输入扭矩　　　　　　效率

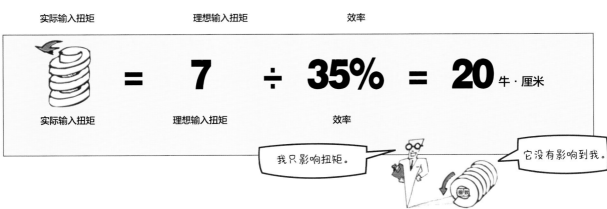

实际输入扭矩　　　理想输入扭矩　　　　效率

我只影响扭矩。

它没有影响到我。

关于螺旋的那些事儿

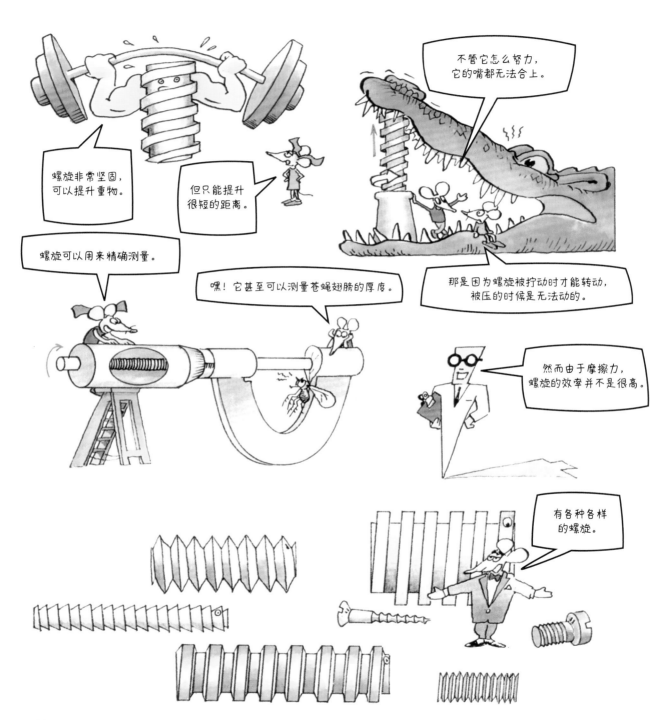

使用**螺旋**的地方

螺钉通过向外旋转来调节安全门的宽窄，这样安全门可以与墙紧紧贴合，不会被轻易推倒。

我可以利用螺旋调整高度。

转动我的时候，相当于转动了两个螺旋，这样圆规的腿可以打开和合上。

啊啊啊啊！这是来自外太空的巨型圆规吧！

转动就能拧紧。

当水龙头转动时，螺旋将阀芯从其孔中提起，这样水就可以流出来了。

螺旋泵被认为是古希腊学者阿基米德发明的，
用来输送水。也有人认为螺旋泵不是阿基米德发明的。
不过，这种装置还是被称为阿基米德螺旋泵。

许多机械利用螺旋来输送大量小块的材料。

99

后 记

公元前 1 世纪，简单机械装置就已经被发明出来了。古典时期，古希腊科学家对机械进行了系统分类，列出了最基本的五种简单机械：轮轴、斜面、杠杆、滑轮和螺旋（有时他们也将劈看作第六种）。其他机械装置，如齿轮、链轮、凸轮和滚子也为人们所熟悉，但它们被认为是简单机械的变体。

中国人也发明了除螺旋之外的其他四种。事实上，究竟有多少科学技术通过漫长的丝绸之路传入了欧洲，其实是一个颇具争议的话题。然而不管怎样，早在 2000 年前，人们就对所有的简单机械比较熟悉了。从那时起，随着材料的升级、制作精度的提升和制造方法的改进，简单机械逐渐演变成现在的样子。令人惊讶的是，在简单机械不断发展期间，几乎没有其他新的机械再出现了。

这本书介绍了几乎所有的简单机械。它主要面向 7 至 13 岁的孩子，采用了漫画形式，旨在讲授基本的科学原理，而非向孩子灌输枯燥的学术知识。本书中还有简洁直观的示意图，用于展示简单机械的工作原理。此外，书中还介绍了各机械的基本特性、涉及的术语、优缺点，以及运用案例。

总之，这本书是写给孩子的关于机械的百科全书，可以让孩子深入探索有关机械的各种现象、知识和原理。

最后，我要感谢凯特·赫德森、莫里斯·梅雷迪思、布伦达·布里格斯、罗恩和艾莉森·琼斯、皮特·道格拉斯、哈利娜·胡德、迈克·福克斯、哈丽雅特·克罗斯，他们为我提供了很多帮助；特别要感谢不断鼓励我的汤姆·斯托尼耶教授；也感谢插画家马尔科姆·利文斯通，他创作的生动的漫画使整本书熠熠生辉。